森林商学园

② 棕熊赚钱不容易

肖叶　主编　　龚思铭　著

郑洪杰　于春华　绘

人民文学出版社　天天出版社

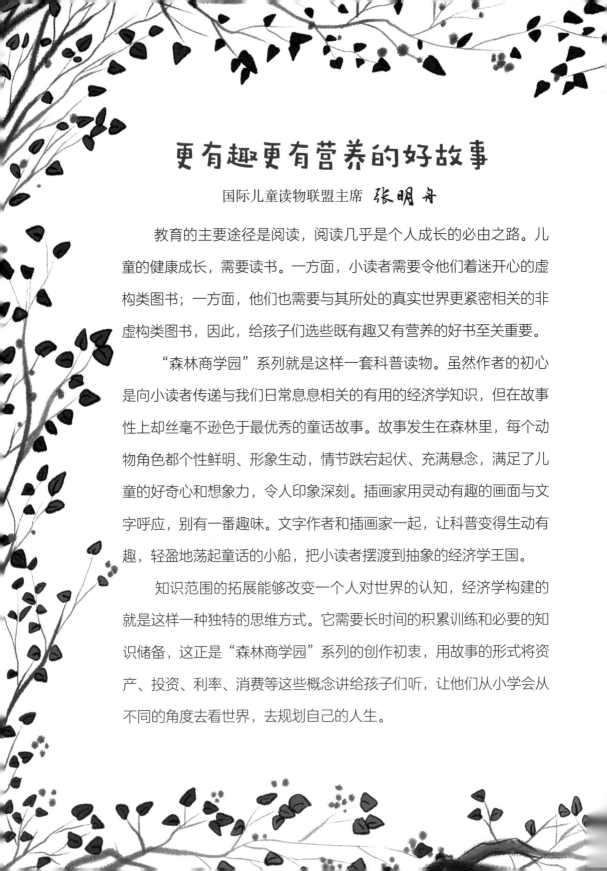

更有趣更有营养的好故事

国际儿童读物联盟主席 张明舟

教育的主要途径是阅读，阅读几乎是个人成长的必由之路。儿童的健康成长，需要读书。一方面，小读者需要令他们着迷开心的虚构类图书；一方面，他们也需要与其所处的真实世界更紧密相关的非虚构类图书，因此，给孩子们选些既有趣又有营养的好书至关重要。

"森林商学园"系列就是这样一套科普读物。虽然作者的初心是向小读者传递与我们日常息息相关的有用的经济学知识，但在故事性上却丝毫不逊色于最优秀的童话故事。故事发生在森林里，每个动物角色都个性鲜明、形象生动，情节跌宕起伏、充满悬念，满足了儿童的好奇心和想象力，令人印象深刻。插画家用灵动有趣的画面与文字呼应，别有一番趣味。文字作者和插画家一起，让科普变得生动有趣，轻盈地荡起童话的小船，把小读者摆渡到抽象的经济学王国。

知识范围的拓展能够改变一个人对世界的认知，经济学构建的就是这样一种独特的思维方式。它需要长时间的积累训练和必要的知识储备，这正是"森林商学园"系列的创作初衷，用故事的形式将资产、投资、利率、消费等这些概念讲给孩子们听，让他们从小学会从不同的角度去看世界，去规划自己的人生。

当今世界，一个人是否懂得理财，懂得做决策，懂得合理安排自己的资产，对其生活的影响是大而深远的，然而"财商"的培养需要一步步的知识积淀。经济学繁杂的原理和公式推导常令人眼花缭乱，阻挡了小读者探索的脚步。"森林商学园"系列巧妙地将经济学概念和原理用日常生活解读出来，即便小学生也能立刻明白。比如资源稀缺性、供给需求与价格的关系等概念，用"物以稀为贵"这样的俗语一点就通；再如，以效用原理来解释时尚潮流，建议小读者用独立思考来代替盲目跟从，专注自己的感受，从而避免受时尚潮流的负面影响等。书中所覆盖的知识不仅不复杂，反而很实用。每个故事结束后，还以"经济学思维方式"（"小贴士"和"问答解密卡"）告诉小读者在日常生活中如何应用经济学知识来思考和解决问题。

　　优秀的儿童文学，必定能深入浅出，举重若轻，使读者在获取知识的同时，提高独立思考与辩证思维能力。"森林商学园"系列正是这样一套优秀的儿童科普文学作品，它寓教于乐，是科普与文学巧妙结合的典范，值得向全国乃至全球的小读者们推荐。

前 言

　　孩子们的好奇心和求知欲表现在方方面面，他们既想了解宇宙和恐龙，也想知道家庭为什么要储蓄、商家为什么会打折、国家为什么要"宏观调控"。而这些经济学所研究的问题既不像量子物理一般高深莫测，也不像形而上学那样远离生活。只要带着求知心稍稍了解一些经济学常识，许多疑惑就可以迎刃而解。

　　除了生活中必要的常识，经济学还提供了一种思维方式，让我们以新的视角去观察世界。生活中面临的许多"值不值得""应不应该"，完全可以简化为经济学问题，无非就是在成本与收益、风险与回报等各种因素之间权衡。当然，生活是如此的复杂，远非经济学一个学科能够解释和覆盖，但是对未知领域的探究心和求知欲，特别是学会如何学习、怎样寻找答案，是比知识本身更加重要的能力，也正是这套丛书想要告诉小读者的。

　　人的认知有多深，世界就有多大。知识越丰富，人生体验也就越多彩。希望本套丛书所介绍的知识能为小读者提供一个全新的视角，有助于大家以更开阔的眼光去观察我们的社会、了解人类的历史和现在。同时也希望本套丛书能成为一扇门，引领小读者进入社会科学的广阔世界。

作者

认识森林居民

松鼠京宝

身手矫健,聪明勇敢,号称"树上飞";对朋友非常真诚,与白鼠357、刺猬扎克极为要好。

白鼠 357

从科学实验室里逃出来的小白鼠,编号UM357（即 Ultra Mouse——超级老鼠357号）;一场暴风雨中,随着一道闪电从天而降。在冰雪森林里,大家都叫他357。

刺猬扎克

平时迷迷糊糊,但灵感爆发时,常有好点子。

狗熊所长

森林事务所所长，正义和力量的象征，十分威严；领导着四路御林军，并负责森林里大小琐事和所有家长里短。

棕熊贝儿

性格温柔，对棕熊家族热爱的摔跤游戏并不感兴趣，喜欢独自研究森林里的植物。

兔子霹雳

虽然脾气暴躁，动不动就嚷嚷，不过还是讲道理的；路见不平，拔刀相助，是个十分仗义的小家伙。

狐狸歪歪

狐狸家族的活跃分子，和其他家族成员一样，不善理财，因此经常陷入与钱有关的麻烦。

老虎奔奔

冰雪森林里的乐天派，认为快乐比什么都重要；很容易感到无聊，所以总是在"找乐子"。

猴蹿天

行走江湖的侠客，身世尚未揭开。

目 录

1 居民失窃事件

　　暮光将冰雪森林染成金色时，地洞里的刺猬扎克醒来了。先祖们经过数百万年进化形成的时间节律流淌在扎克的血液里，使他习惯于在黄昏时分醒来，钻入青草深处饱餐一顿，用清甜的露水滋润干渴的咽喉，并在黑暗的保护下，享受森林之夜的一切美好。

自从扎克开始与松鼠京宝、白鼠357一起经营便利店"鼠来宝"，他已经很久没有单独行动过了。"鼠来宝"生意越做越好，可是不分昼夜地工作，却使他们错过了美好的夏日时光。眼看秋天集市开市在即，森林居民们都在为赶集做准备，357决定干脆放个假，让京宝和扎克也好好休息休息。

　　谁知，刺猬扎克假期的第一天就被一场"小地震"给搅和了！当时，他正躺在被窝里，回忆梦中发明的新口味虫虫脆配方，咚咚咚咚一阵乱响，把他从床上给震了下来，刚刚想起的两种香料也给忘得一干二净！

　　扎克气呼呼地刚从洞里钻出来，就被迎面甩了一脸泥。嚯！原来是他的邻居——三只花栗鼠，他们正在飞快地打洞，地面已经被刨出了七八个洞口。

花栗鼠们在地洞里钻来钻去，而黄鼠狼阿黄正气急败坏地用爪子"打地鼠"。花栗鼠们这边钻出一个脑袋，那边露出一条尾巴，倒像是故意捉弄阿黄似的。阿黄被三只花栗鼠耍得团团转，却连他们的毛也没摸到。

　　本来一肚子气的扎克被阿黄的狼狈样子逗笑了。花栗鼠可都是精通遁地术的打洞高手，在花栗鼠们的地盘上，阿黄不是对手。与其等他恼羞成怒，不如赶紧劝架，免得他失了颜面。

　　扎克横在阿黄面前："消消气，消消气！"

　　"他们……他们三个……坏东西……"阿黄上气不接下气，"偷我的鸡！"

　　三只花栗鼠异口同声地说："冤枉！"

"谁……冤枉……你们了？"阿黄拍着胸口，"我亲眼见到你们三个从养鸡场里跑出来，我一路追到这里，还能有假？"

"玉米！"……"豆豆！"……"好吃！"

扎克低头一看，这三个小家伙还真是不客气，腮帮子塞得满满的，一个头变成原来的两个大，难怪一开口只能蹦出两个字，再多说一个字，嘴里的东西恐怕就要喷出来了。扎克明白了，他们想说，只不过在养鸡场偷了一些喂鸡的玉米粒和豆子，并没有偷鸡。

扎克劝道："别急嘛！你看看他们三个，加起来还不够一只母鸡大，别说偷鸡了，没被你的大鸡一脚踩扁算是走运！玉米粒和豆子嘛，让他们吐出来赔给你。"

"才不要呢！"阿黄扑通一屁股坐在地上，委屈地说，"谁在乎几颗玉米粒和豆子！最近我的养鸡场遭了贼，丢了好多鸡，蹲守了几天，只看见他们三个，我能不拼命追吗？我这养鸡场已经开始亏损了！"

此时，三只花栗鼠已经把玉米粒和豆子吐出来，在地上堆了一小堆，以展示自己的"清白"。清空颊囊后的花栗鼠口齿清晰，三只一起说个不停，叽叽喳喳像打机关枪，根本听不清楚具体内容。

扎克摸出几颗大榛果丢给三只花栗鼠，他们本能地塞进嘴巴。嘴巴塞满了，他们才能好好说话："母鸡"……"打洞"……"逃走"。

"母鸡自己打洞逃走了？这怎么可能呢？"阿黄当然不信，"我养的鸡我还不知道吗，鸡哪里会打洞？"

"我们"……"亲眼"……"见到"。三只花栗鼠解释完，便开始表演：他们弯下身咯咯嗒地叫着，撅着屁股模仿母鸡走路的样子。突然，扑通扑通，他们一只接一只地掉到地洞里去了。三只花栗鼠言之凿凿，说是亲眼看见，这太奇怪了！

阿黄虽然不信花栗鼠的话，却也觉得三个小东西想要偷鸡，的确不那么容易。而刺猬扎克奇怪的是，三只花栗鼠一向是在"鼠来宝"里购买玉米粒和豆子的，干吗要跑去养鸡场偷呢？

"贝壳"……"打洞"……"逃走"。

哦！三只花栗鼠家里的贝壳也像母鸡一样不翼而飞了？

刺猬扎克和阿黄对望一眼，看来遭贼的可不只是黄鼠狼养鸡场。既然三只花栗鼠不是偷鸡贼，阿黄显然也不会去偷花栗鼠们

的贝壳，那么一定另有其"贼"。扎克建议他们马上到"森林事务所"报案，他自己则决定不放假了，先赶回"鼠来宝"守夜。

刺猬扎克匆匆来到"鼠来宝"时，京宝和 357 也刚好赶到，他们三个正好在大门前相遇了。

"扎克，你也来啦！"京宝跳过来道，"你家里有没有丢东西？"

扎克摇摇头："还没，不过听阿黄说他的养鸡场最近丢了不少鸡。我一路过来，地下城的花栗鼠、鼹鼠、兔子们也都多多少少丢了些贝壳呢！"

"哎呀，难怪！"京宝说，"刚才地下城的居民聚在树下，一口咬定贝壳是我们偷的，把我们树上城给围起来啦！"

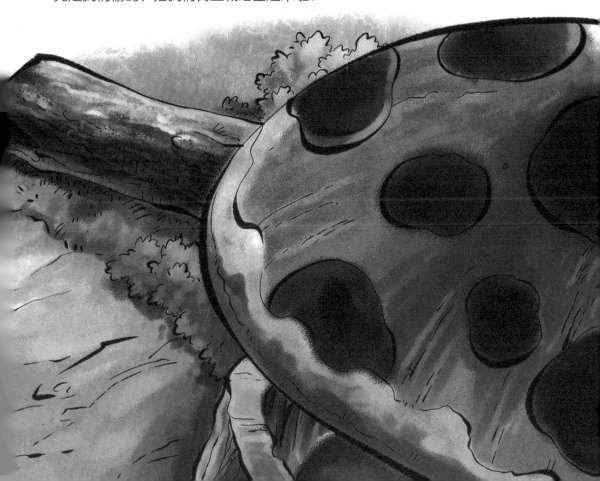

冰雪森林以树为界，分为"地下城"和"树上城"，扎克、357、阿黄他们都住在地下城，京宝的家在树上，自然归属树上城。

扎克小脑袋一歪："树上城的居民差不多都是鸟儿，到了我们地下城岂不是两眼一抹黑，怎么可能偷东西呢？"

京宝点点头："就算是我这样的高手，"他得意地比画几招功夫，"到底不会遁地术，想在地下城下自由穿行，也是绝对做不到的！"

"糟糕！"357一拍脑门儿，"如果盗贼的目标是地下城，那我们'鼠来宝'的地下仓库岂不危险？"

357话音才落，三个小伙伴不约而同地向地下仓库的入口跑去。

你一定还记得，"鼠来宝"用大树墩建成的门店下面，连接着好几个巨大的地下仓库，除了冰屋和商品，他们经营所得的贝壳也存在其中的一个仓库，算是一个"小金库"。

阿黄的养鸡场已经被偷到开始亏本，"鼠来宝"这样的小店，当然更经不起偷盗。还好，经过仔细查看，几个仓库内的货物完好，暂时没有遭贼的痕迹。不过京宝还是不放心，于是提议留在店里守夜。

357笑道："你还是回去休息吧，我和扎克本来就习惯昼伏夜出。"

扎克点点头："放心，如果那个小偷敢来店里，我就冲出去扎他！"

京宝摇摇头："'森林三侠'合体才最厉害，我不能走！今晚月圆花香，我正好想赏月呢！"

"也好！"357说，"咱们把露台打开，弄点好吃的，就坐在店里赏月，困了就席地而睡，万一地库里有动静，咱们也能听到。"

扎克用小爪子把耳朵拉起来："哈哈，竖起耳朵听！"

冰雪森林有河道、地面、地下、树上四路御林军日夜守护，怎么会一点反应也没有呢？他们都睡着了吗？还是这森林大盗太厉害，悄无声息地就偷走了地下城居民的财物和阿黄养鸡场的鸡？御林军都跑到哪里去了？这神秘的森林大盗又究竟是什么身份呢？

阿黄的鸡被偷，他为什么那么着急？

把一只小鸡养大，到可以卖掉之前，阿黄可没少花功夫。购买玉米粒和豆子喂养它们，保证它们安全、健康地成长，是要花费很多钱、出很多力气的。我们知道，这些都是阿黄养鸡场的"成本"。那么阿黄为什么愿意花费这么多"成本"来养鸡呢？因为，只要把鸡卖掉，阿黄的成本就回来啦，说不定还能多赚一些——鸡的售价，减去把它们养大的全部成本，剩下的部分就叫作"利润"。

假如，阿黄的小鸡全都顺利长大，卖个好价钱，那么养鸡场就可以获得很多的"利润"，也就是可以赚到很多的钱，阿黄就可以继续好好经营他的养鸡场。可是，如果阿黄费心费力养大的鸡都丢了，那么他成本都收不回来，更别说赚钱了。时间一长，养鸡场可能就要关门。

不仅是阿黄的养鸡场，在我们的生活中，大到商场、超市、工厂，小到路边的书报亭、水果摊，商业经营的目标都是获得足够的"利润"。

　　商场和超市经常有打折活动，千万不用为它们担心！打折的目的是促销——跟狐狸游乐场降价吸引游客一样，价格降低了，销售量就会提高，薄利多销，商家不仅一样能够赚钱，还顺便清理了存货，回收资金，是一件一举多得的好事。

　　打折对我们消费者来说也是件好事。不过，单纯因为打折而过度购买自己并不需要的产品，那可就正中商家的小圈套了！

13

1

问：阿黄的养鸡场可能有哪些成本？举几个例子。

2

问：食品临近保质期为什么会打折？

3

问："折扣那么大，不买不划算！"这种想法对吗？

14

2 守夜"鼠来宝"

"鼠来宝"的露台一开，月光顷刻洒入店内。远处，天上星月灿烂；近处，林间流萤点点。京宝知道，那是萤火虫们打着小灯笼找朋友呢！而他的好朋友就在身边，此刻正坐在一起喝茶赏月，京宝感觉幸福无比，几乎忘了自己是在守夜防盗。357 创立的这间小小的便利店，让他们发现了工作的乐趣，收获了劳动的满足，冰雪森林的居民们都喜欢"鼠来宝"……一定要好好保护它！

想到这里，京宝突然发觉，虽然自己与 357 要好，可是对他的了解其实不多。"357，"京宝说，"给我们讲讲，你来到冰雪森林之前的故事吧。"

"是啊！"扎克也附和道，"你平时很少说过去的事呢，给我们讲讲吧！"

357 说得平静，京宝和扎克却叹起气来。357 笑着安慰道："都是很久以前的事了。人类喂养我长大，可是也给我扎针。扎针怪疼的，而且扎针之后，有时候莫名其妙地开心，有时候又特别难受，有时候完全晕过去，不知道过了多久才醒来。那时候的生活虽然吃喝不愁，可我老是提心吊胆，所以我想逃走，想着就算吃不饱饭，没地方住，也还是自由自在比较好。"

　　刺猬扎克突然哇的一声哭了起来："对不起 357！我之前常用刺扎你，和你闹着玩，对不起……"

　　357 故意大声笑起来："扎克，别傻了，你的刺根本就扎不疼我！再说，我现在不是逃出来了？咱们在一起，多开心！不要哭了。"

　　京宝想转移扎克的注意力，继续追问道："357，你还没说是怎么逃出来的。"

"那是——"357也想逗扎克开心，于是压低了声音，故作神秘地说，"有一次，扎针之后我就睡着了，醒来的时候，突然觉得笼子的锁似乎也不是那么难对付，我摆弄了一下，果然就打开了！那天房间里一个人都没有，黑乎乎的，可是我什么都能看见。一不做，二不休，我再也不要被关起来了！我要趁机逃走！虽然整个房间几乎密不透风，门窗也锁死了，可我就是有信心，一定能逃出去。我正找出路时，突然——咚、咚、咚，我听见有脚步声走近……"357发现京宝和扎克神情有些奇怪，好像是被他的语气吓到了，便停了下来。

　　"怎么了？"357问。

　　"嘘——"京宝的耳朵动了一下，"我听见了，有脚步声走近！"他压低了声音，甩动着尾巴。

357以为他在开玩笑，刚想说话，被刺猬扎克一把捂住了嘴。他们三个屏息凝神，咚、咚、咚……的确有脚步声，而且越来越近，地面仿佛也在微微颤动，一时间分不清声音来自地面还是地下。难道……飞贼要现身了？他们虽然在店里守夜，却并没有想好该怎么应对，此刻难免紧张起来，一动也不敢动。

忽然，声音停止，从天井洒进来的晨光仿佛忽然暗淡了。接着，晨光全没了，整个天井似乎被什么东西遮住了。三个小伙伴慢慢抬起头……

"啊！"天井上居然出现了一张大脸！他们惊叫起来，抱在了一起。"啊！"又是一声，357和京宝像触电一般弹了出去——刺猬扎克一旦受到惊吓，就会不自觉地卷成一团，身上的刺竖起来，与这样的扎克拥抱，简直太疼了！

"嘿嘿……"天井上的大脸被他们逗笑了——仔细一看，原来是棕熊贝儿！真是虚惊一场！

357拍拍小胸脯："吓死啦……贝儿你怎么来啦？"

"是啊，整个春夏都没看见你，你跑到哪里玩去啦？"京宝努力平静下来，扎克却还卷成一团，他可能吓晕了。

"我去山上啦！春夏两季，正是采集植物的好时节。刚从山上下来，我看见这里亮着，就过来了……"贝儿把一个青草编的小袋子从天井送下来，里面装着满满的浆果，"我从山上给你们带的，比蜂蜜还甜。"

棕熊贝儿的小袋子，放进"鼠来宝"里就成了一座小山，清新的果味在空气中飘散开，香极了。357拿出店里的鱼干，跳上露台递给贝儿："喏，饿了吧，给你留的。"

贝儿闻闻鱼香味："啊！想死这个味道了！早晨我一进林地，就想用草药换条鱼吃，谁知一路上没有一家肯收我的草药，野果也不行，真邪门儿！"

"你错过了大事件！咱们冰雪森林现在改用这个了。"京宝拿出一把贝壳，"这个叫'钱'，用它什么都可以买到，不需要换来换去了！"

贝儿拿起一枚贝壳左看看，右看看，问："那我去哪里弄这个？"

"你弄不到。这些都是大雁从南方的海边找来的，大雁在林子里住了一阵子，贝壳就是付给大家的租金。因为森林是大家的，所以贝壳人人有份，可惜那时你不在……"357一边回答，一边包了一些贝壳，"这些你拿去，算我们买你的浆果。"

"浆果是送给你们的礼物，不是用来换贝壳的！"贝儿拒绝，"等到冬天，我再帮你采冰，那时你再给我贝壳。"

京宝也跳上露台，笑着问："那你秋天怎么过？你肚子饿时看啥都像食物，

我们可不想担惊受怕！"

357看着贝儿的篮子里、背上的筐里，满满都是花花草草。他忽然灵光一闪："贝儿，我正好有事求你。咱们森林什么都好，就是蚊虫多！你的草药里，如果有能驱虫止痒的，可不可以把它们做成药水，我放在店里一定好卖！"

"对！"京宝点头道，"夏天时大家都掉毛，虫子能直接咬到皮肤，痛得很！秋天新毛长出来了，可是天气还热，又痒又难受！如果有一种药水，既能驱虫止痒，又能清凉解暑，那就太棒了！"

贝儿低头思考了一会儿："说起来，我还真有几种现成的配方，平时给大家治虫咬，都说效果不错。"

"对，我用过！"京宝说，"效果的确很棒，就是药味太浓了。"

357 觉得京宝的意见很有道理："贝儿，你能想办法让药水的味道变得清香一点吗？这样的话，大家平时也能用。"

"这不难，多加一些新鲜花露就好了，而且草药的味道本来也不难闻。"贝儿似乎胸有成竹，"我脑子里已经有了几种配方，现在就回家去实验！只是，我只喜欢做研究，经营的事……"

"这没有问题，你只管研究配方，剩下的交给我们！"357拍着胸脯，"这些贝壳你还是拿去，算我们付的定金。"

贝儿还是摇头："我只需要把各种现成的药水配制一下，干吗收你们的钱？妈妈说过，'不劳而获'可不好。"

"就算是现成的药水，也是你辛辛苦苦采集植物制作的啊！而且用哪些药材配制，如何配制，这都是靠长年累月地学习、不断地实验，才慢慢积累起来的经验，看起来简单，其实复杂得很呢！你付出的是脑力劳动，跟采集冰块这样的体力劳动一样有价值！所以这些是你应得的，你就拿着吧！"

贝儿似懂非懂。不过，想到自己的爱好居然能创造价值，能给森林居民带来好处，贝儿很开心。他立刻跑向家里。

"哇！原来是天上掉浆果啦！""鼠来宝"里传出一声叫喊。357和京宝低头一看，原来是扎克醒过来了，他完美地错过了贝儿的来访。京宝和357站在露台上咯咯咯地笑了起来。

阳光下，清风里，花香果甜如蜜。在这美好的清晨，他们暂时忘记了防贼的烦恼……

脑力劳动也是劳动吗？

劳动者通过自己的劳动获取报酬，脑力劳动也是劳动的一种形式。

我们比较熟悉的工业生产、农业种植等以体力为主的劳动，叫作体力劳动，而科学研究、技术创新、文化艺术发展等，运用劳动者智力的劳动，叫作脑力劳动。

棕熊贝儿帮助357采集冰块，就属于体力劳动。而他运用自己的知识，研制和发明驱虫药水，这就是脑力劳动了。

体力劳动和脑力劳动都能创造价值，因此都应当获得报酬。不同的是，脑力劳动更具有继承性和积累性，正如我们在学校里学习的各种知识，都是人类不断积累和传承的结果。我们使用的电脑、手机等科技产品能够不断地发展和更新换代，也是脑力劳动积累和传承的结果。

　　大雁从南方带回的贝壳因为美丽、耐用，而受到冰雪森林居民的喜爱，慢慢从中间商品变成大家普遍接受的交易媒介——货币。

　　贝壳使交易变得十分方便，它小巧、耐用，是一种不错的货币。但是，它还不够理想，比如易碎、难以分割等等，特别是在冰雪森林这样的内陆地区，贝壳丢失、坏掉又没法补充，最后只会越来越少。

　　在以物易物的交易中，只要双方认可，就可以进行交换。但是作为货币使用的东西，必须受到社会的普遍认可。在人类的历史上，除了贝壳、烟草、棉花、牲畜、某些金属都曾经充当过货币。那么什么才是理想的货币材料呢？其实你已经知道了，古代中国人长期使用金、银、铜（其实是一种合金）作为货币。但是，这个演化的过程是十分漫长的，甚至在很长一段时间里，实物货币、金属货币和以物易物都可能是同时存在的。

27

1

问：哪些职业属于从事脑力劳动？请举
几个例子。

2

问：哪些职业属于从事体力劳动？请举
几个例子。

3

问：人类历史上曾出现过哪些奇特的货币？

3　笨贼一箩筐

棕熊贝儿在冰雪森林的棕熊家族中，是个十分特别的存在。他从小就对棕熊们热衷的摔跤游戏不感兴趣，反而喜欢独自躲起来，研究森林里的花草树木。他热爱冰雪森林，也希望大家和他一样，爱护这里的一草一木。所以，贝儿干脆把领地的一部分改造成草药园，种满了花花草草，取名叫"熊草堂"。这样，他躲在家里，也能安安静静地搞研究。

贝儿住在一棵粗壮健康、枝繁叶茂的大树里。他的家中摆满了各种实验仪器和植物标本，而且还在不断地增加。他对冰雪森林里的药用植物了如指掌，不管鸟儿吃了不干净的东西拉肚子、小狼和小虎打架伤了手臂，还是虫子咬坏了谁的皮毛……大家都会径直走进"熊草堂"讨一服草药，用不了多久，就全好了！

357看见京宝和许多小伙伴被蚊虫折磨得气急败坏、心情烦躁，所以就想出请棕熊贝儿配制药水的主意。本来贝儿对植物研究的热情是十分单纯的，喜欢就去做，并不在意结果。可是，357的请求倒让贝儿开了窍，他没有想到，自己那些关于药用植物的知识除了服务大家，还有创造商业价值的一天。从山上回来以后，他就一直在实验室里忙活，一连配制了好几种药水。最后，他选出了最满意的一种，装在绿色的细颈小瓶里，天刚蒙蒙亮，就迫不及待地到"鼠来宝"找357。

他的确是来得太早了，"鼠来宝"的大门和露台虽然都开着，可是357他们三个最近一直守夜，已经困得睡着了。

天空中飘着大块的积雨云，云塔越积越高。乌鸦们在林地上空盘旋，向森林居民们预警——暴雨将至。

贝儿注意到"鼠来宝"附近的地面上有一些奇怪的空洞，如果真下起大雨，恐怕地下仓库要遭殃。贝儿干脆放下药水，搬来土和石块，修整起地面来。他把地面踩得异常坚固，这下，别说大雨，就是洪水也不怕。

一会儿工夫，地面修好了。贝儿刚把药水摆在露台上，京宝恰好也睡醒了，

他赶紧推醒 357 和扎克，自己则迫不及待地先跳上露台。

药水！357 简直不敢相信，贝儿的效率真是太高了！

京宝小心翼翼地拔出瓶塞，一丝清甜的香气飘散出来。

357 陶醉地闭上眼睛："是鲜花！"

京宝补充道："有野果！"

扎克动动鼻子："是森林的味道！"

花香、果香、青草和树木的香气……这些原本不属于同一种类的气味融合在一起，竟然如鸟儿们的清晨大合唱一般美妙和谐。

357 问："那凉凉的味道是什么？好清爽！"

贝儿解释说："是薄荷，它里面的薄荷醇会产生冰凉的感觉。除此之外，这里面还有金银花、丁香、夏枯草、艾叶、紫花地丁和梅花冰片，用森林露水和山泉水小心地萃取，就可以了！"

京宝已经迫不及待地搽在身上了，果然清凉舒爽，暑热仿佛瞬间被驱散，而且气味香甜，像被春风拥抱着一般舒服："太棒了贝儿，你的药水叫什么名字？"

这可把贝儿难住了："驱虫药水就叫'驱虫药水'呗，能有什么名字？"

"可不仅是驱虫止痒。"357也洒了一些药水在身上，"它的香气这样美妙，我看一定会大受欢迎！"

"对，得给它起个好名字。"扎克掰着爪子小声说道，"六种花草，还有梅花冰片、森林露水和高山泉水……"

"有了！"357叫道，"就叫它'六花神露水'，怎么样？"

"六花神露水？"其他几位小伙伴不由自主一齐念道。

"好名字！就是这个了！"贝儿笑眯眯地抓抓耳朵，"357可真聪明，听起来跟'驱虫药水'简直不是同一种东西了！"

"是你聪明才对！这神露水的味道太棒了，贝尔，麻烦你多做一些，我们在店里卖起来！"

"没问题！不过萃取要花些功夫，而且我需要一些时间采集花草、收集露水和泉水。呼！今天我要睡个觉了，等我做好了再给你送过来。"已经落了几滴雨点，贝儿指指天上的积雨云，"这场雨怕是不小，我先回家了。地面我虽然帮你们修整好了，不过还是要小心，别让地下仓库渗水。"贝儿说完，帮忙把"鼠来宝"的露台收好。

　　357 谢过了贝儿，和京宝、扎克回到店里躲雨。冰雪森林地下城里的许多居民都丢了东西，所以大家都守在自己的家里，很少出来走动，"鼠来宝"里倒是难得清静。

　　"357，"扎克忽然想起，"你的故事还没讲完呢！"

　　京宝说："对啊，怎么逃出来的，还没有讲呢！"

　　"讲到哪里来着？"

　　扎克提醒："到'咚、咚、咚，我听见有脚步声走近'那里。"

　　"嗯，那么继续。说到有脚步声走近，咚……"

　　"嘘——"京宝的耳朵又动了动，"我好像又听见脚步声了。"

　　"怎么可能！别吓我，贝儿已经回家了！"扎克又要卷成一团。

他们三个竖起耳朵，仔细地听，的确有声音。是雨滴打在墙面上的声音吗？

京宝没有回话，只是用爪子指指地下。

咚，又是一声。小型森林居民的听觉是十分灵敏的，这是经过几百万年时间进化出的特殊技能。声音虽然不大，但357也清清楚楚地听到了，扎克立刻缩成一团。京宝轻轻地走近楼梯，示意357跟在他后面。他们一边走进地下仓库，一边仍然不时听见咚咚的声音。京宝趴在仓库的门上仔细听，终于确认，声音的确是从里面传出来的。而那间仓库，是冰屋！

357刚要开门，就被京宝挡开了。京宝耍了几招功夫，他的意思是：我有功夫，我来！

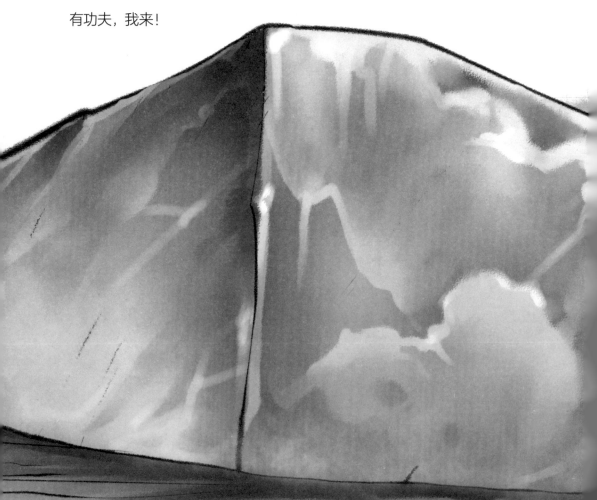

京宝刚刚把爪子搭在门把手上，就感觉到自己的肩膀被什么东西拍了一下，可是 357 明明站在自己旁边，京宝吓得大尾巴猛烈地一抖，差一点就要叫出声来。他猛一回头——呼！原来是扎克，他不知什么时候也跟了下来。

　　扎克指指门，又指了指自己背上的刺，意思是说：你们开门，我冲进去！

　　这主意不错，管它是什么东西，先扎一顿再说！

　　一、二、三，开门——扎克低头冲进去，没想到直接撞在了巨大的冰块上。京宝和 357 也冲进冰屋——奇怪，里面除了冰块，什么也没有！可是，刚才的声音的确是从冰屋里传出来的啊。

他们正百思不得其解，突然，又是咚咚两声。这一次响声非常清晰，京宝耳朵一转，忽然回身指向身后的大冰块："在这后面！"

没错，声音的确是从冰块后面传出来的，但是音量并不大，如果不仔细听，或者正在说话，根本就听不见。三个小伙伴交换了一下眼神，决定一齐把冰块移开，看看背后究竟有什么玄机。

"嘿——吼！"他们憋足了劲儿，大冰块终于被移开了一点。

"啊？！"京宝简直不敢相信自己的眼睛——冰块后面的墙面上已经被掏出了一个大窟窿！啪嗒，一条红色的尾巴掉了出来。京宝用力一拉，一只已经僵硬的狐狸——狐狸歪歪，扑通一声，掉到了地上。

357和扎克吓了一跳，这太不可思议了！狐狸歪歪显然已经在里面困了好久，他冻得就要晕过去了。求生的本能让歪歪每当清醒一点时，就用腿死命地蹬，试图发出求救信号，这就是京宝他们听到的咚咚声。

扎克钻进洞口向上看："难怪他被困在里头了，地面的洞口已经被封住了。"

357两只眼睛一转，"哦！"他明白了，"是贝儿给咱们修理了地面！"

原来，狐狸歪歪想趁夜钻进"鼠来宝"的地下仓库里面偷东西——森林居民都知道，"鼠来宝"里有数不清的好东西，还有许许多多的贝壳。谁知道，这只笨狐狸选错了方位，直接挖到冰屋方向了。

天亮时分，也就是棕熊贝儿开始修整地面时，狐狸歪歪已经感觉到地面有些动静，但是狐狸们总是对自己的挖洞技术过分自信，以为挖进仓库，吃饱喝足之后，再打洞出来简直就是小意思。他万万没想到，地面上干活的可是热爱搞研究的贝儿，他那个认真劲儿——先用土把每个洞都塞得严严实实，又用石头把地面铺得平平整整，最后，还一丝不苟地用他那宽阔的熊掌，在表面来来回回踩个踏实才算完事。

结果，狐狸歪歪向左挖呀、向右挖呀，挖来挖去还是巨大而寒冷的坚冰，向上挖，又被石块压着出不去，直到他耗尽了所有的力气，终于精疲力竭地困在了地洞里。如果不是京宝他们听觉灵敏，恐怕歪歪就要变成"冷冻狐狸"了！

脑力劳动者看起来很轻松，有时候却比体力劳动者工资高，这合理吗？

以使用智力为主的工作看起来似乎不费力气，但实际上花费时间和精力上的辛苦常常一点也不比体力劳动少。比如，保洁工作作为一种体力劳动，通常只需要简单的培训就可以胜任。而脑力劳动通常更加复杂，需要经过长时间的学习和培训。就像想要成为一名教师，需要从小就读书，后续接受专业教育并获得资格才行。可以说，体力劳动和脑力劳动付出的辛苦，只是时间和形式不同罢了。

许多体力劳动都是危险、枯燥而辛苦的。人类在科技领域的巨大投入，其目的之一就是为了有朝一日，机器可以代替人类，去完成那些危险、辛苦和枯燥的体力劳动。

脑力劳动者的工资一定比体力劳动者高吗？

不一定！除了劳动的复杂程度之外，劳动力的价格——工资，也受"供求关系"的影响。商品有一个市场，劳动力也有一个市场——只要是市场，就有供给和需求，并且"供"与"求"的相对力量会影响价格。

有一些体力劳动由于辛苦、危险等原因，很少有人愿意做，也就是说，劳动力的供给有限，因此需求方必须给出很高的工资，才能找到人来做。还有一些发达国家和地区，因为人口本来就不多，受教育程度也普遍较高，从事体力劳动的人口就更少了。在这样的地方，体力劳动和脑力劳动的工资差别就不是很大，有时还会出现"倒挂"的情况，即体力劳动者的工资超过脑力劳动者。

因此劳动，或者说工作、职业本身是没有高低贵贱之分的。尽自己最大的努力，认真负责地完成工作，就是一位出色的劳动者。

1

问：棕熊贝儿发明驱虫药水，属于体力劳动还是脑力劳动？

2

问：357 为什么要给驱虫药水起名字？

3

问：超市里有些"名牌食品"价格贵一些，但也有很多人买，为什么？

4 深夜围捕行动

地下城的居民可不是好欺负的！

所谓"天网恢恢，疏而不漏"，遭贼的地下城居民们，陆陆续续在家里发现了一些蛛丝马迹，比如——红色的狐狸毛。这几乎可以肯定，森林盗贼并不神秘，就是狐狸家族了！可是地下城的居民并未声张，他们安静地计划，小心地部署，争取"狐赃并获"。同时，他们向森林事务所请求御林军支援，防止小偷趁乱逃脱。

虽然地下城不见天日，居民们的视觉稍有退化，可是听觉和嗅觉却异常灵敏，是整个森林中的翘楚。357 他们在"鼠来宝"守夜的这一晚，地下城也展开了捉贼行动。几乎所有夜行居民都没有外出，御林军空中部队的猫头鹰们静静地在树梢站岗，见狐狸们全部钻入地下城后，发出信号。御林军的地下部队——鼹鼠军闻声出动，向同一个方位驱赶狐狸。

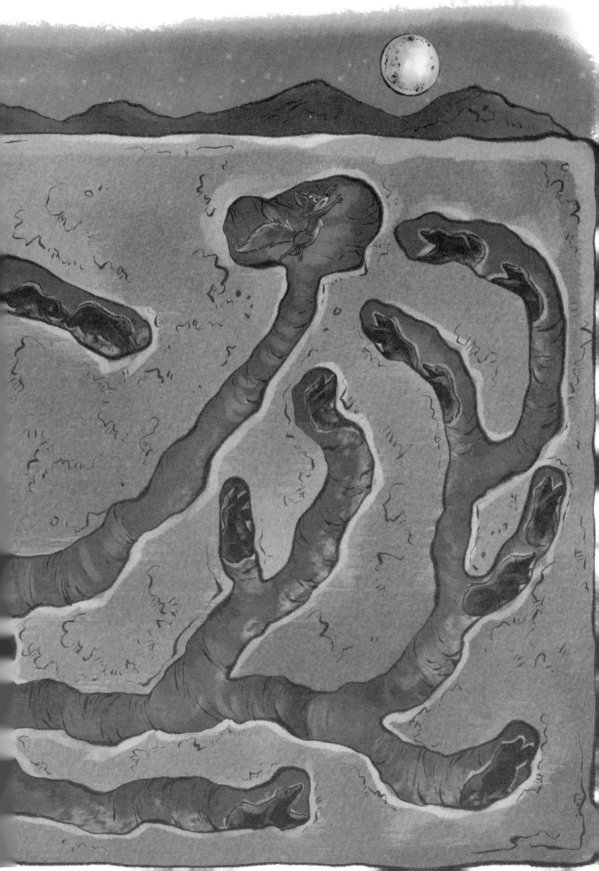

狐狸们显然缺乏盗窃经验，既没有进行事前侦察，也没有逃生预案，发现事情败露就慌不择路——有卡在石头缝里动弹不得的，有被树根缠住的，有被地下城陷阱套住的，还有完全乱了方向，一直往地下打洞，最后累晕过去的……负责守洞口的猞猁猫部队竟然一无所获，还得靠鼹鼠部队一只一只地把他们捞出来。那位非常倔强的狐狸阿呆，居然一路打洞逃到了河边，于是被御林军的河道部队水獭军给包抄了！

御林军四路大军完美合作，加上357、京宝和扎克捉住狐狸歪歪，狐狸一家大小三十多位悉数落网。真是笨贼一箩筐！

狐狸歪歪在"鼠来宝"通往冰屋的地洞里冻了一夜，还没有暖和过来，缩成一团动弹不得。而那些被御林军捉住的笨狐狸们，也一个个垂头丧气，灰头土脸，等待森林事务所的审判。

第二天，太阳从树梢滑落，沉入大山的怀抱时，森林居民们都向林地中央走去。此时，昼行居民们结束了一天的劳动，夜行居民们也从睡梦中醒来，正是森林委员会召集全体居民开会的好时候。为了审判狐狸们的罪行，森林委员会长老金雕爷爷、森林事务所的狗熊所长也都出席了。

"咳咳！"狗熊所长先开口，他这两声咳，吓得狐狸们直哆嗦，"最近事务所疏于防范，让地下城的各位遭受了损失，我先向大家道歉了……"

"狗熊所长不要自责。"八十岁的金雕爷爷安慰道，"事务所的各位本就是义务劳动，大家能在冰雪森林安居乐业，你们已经功不可没。"

居民们纷纷点头。虽然森林居民中有狗熊所长那样的大块头，也有357

这样的小家伙，可是无论大小，大家都要填饱肚子啊，除了义务劳动，还得想办法多存些贝壳。

"谢谢金雕长老。"狗熊所长说道。他为了赚钱养活家里的熊孩子们已经相当不容易，还要负责森林的安防工作，真是难为他了。

金雕爷爷慢悠悠地说："《森林公约》规定，森林居民应明是非、别善恶，偷盗财物者治罪。"

大家异口同声地喊道："治罪！"

金雕爷爷向狐狸们发问："己所不欲，勿施于人。狐狸们可知错？"

歪歪哭哭啼啼地求饶："狗熊所长、金雕爷爷，我们实在是逼不得已啊……我们的游乐场毁了，所有积蓄都花光了，一开始还有些鱼吃，后来

只能吃草、吃虫子，实在吃不饱……我们只是想活命啊……对不起大家了，

求求你们，原谅我们吧！"

　　其他狐狸也一起求饶："我们错了，再也不敢啦……"

　　金雕爷爷摸摸胡子："既有《森林公约》，应依

法而治。不过……"金雕爷爷看

看大家，问道，

"可有愿意为狐狸们求情的吗？"

森林里一片安静。

"我愿意！"357第一个站出来，"我愿意为他们求情。金雕爷爷、狗熊所长，虽然'鼠来宝'也险些被盗，可是我相信他们只是太饿了。"

"我同意！"京宝永远站在357的身边，"他们是犯错了，但也应该给他们改正的机会。"

"对！"扎克也支持，"他们在经营上犯了错误，遭受了损失。可是他们并没有赖账，至少我们'鼠来宝'的账单，他们一枚贝壳也没少付。可以让他们将功折罪嘛！"

狐狸们感激得呜呜哭起来，七嘴八舌地大声叫着："我们愿意补偿大家，愿意义务劳动，愿意为大家服务，请给我们机会将功折罪吧！"

黄鼠狼养鸡场的阿黄拖着长音说道："细细想来，的确如此。经营游乐

场时，狐狸们曾经在我的养鸡场订了一些鸡和鸡蛋。付款虽然迟了一些，但凭良心说，他们的确没有赖账。"

驯鹿建筑队队长鹿游原也站出来："俺老鹿可以证明，材料费和劳务费也是分文不少！"

棕熊妈妈对狗熊所长说："我们家的地，租金已经付清了，地面也清理干净了。"

狐狸们虽然创业失败，可是也的确勒紧肚皮，拿出所有还清了欠款。仅凭这一点，就有债主愿意站出来为他们说话。

金雕爷爷低头思考片刻，又问道："歪歪，你们知不知道，你们偷了谁家的食物和贝壳，就意味着谁家可能就要饿肚子。"

歪歪擦擦眼泪回答说："回金雕爷爷的话，正因为我们不想一直做小偷啊，我们想积累一点本钱，把毁掉的游乐场重新修好，重开游乐场，靠自己的本事赚钱。"

狐狸阿瘦也哆哆嗦嗦地说道："我们计划只在每家偷一点点贝壳，不会偷光让他们饿肚子，否则也不会全体出动啊……"

地下城的居民们忍不住小声笑起来，的确，之前被偷走的贝壳还没有他们留下的罪证多。而且，按照他们今晚的行动路线，挖到天亮也找不到贝壳。

歪歪又补充道："我们想赚到钱以后，再把偷来的钱还回去……"狐狸们纷纷点头，态度十分诚恳。

金雕爷爷点点头："各位年轻的居民，过去的事你们可能不知道，狐狸

们本来也是有一片领地的。"

　　"什么？"大家交头接耳，"还以为他们一直都是流浪汉呢！"

　　"没错！"金雕爷爷接着说，"很久很久以前，有一代狐狸因为破坏树木和污染土地，被当时的森林委员会没收了领地，从那以后，他们才开始流浪。"

　　"那件事已经过去很久了。"金雕爷爷感叹道，"歪歪他们这一代改了很多，这次犯错，也是事出有因。我看，如果狐狸们诚心认错，愿意把偷盗的贝壳还给大家，不如也把领地还给他们，让他们自力更生吧！"

　　狐狸们是否能获得一小块领地，还得经过森林委员会全体成员投票才能决定。大家会同意吗？

什么是义务劳动？

　　义务劳动是自愿进行的、不收取任何报酬的劳动。这类劳动通常直接服务于公益事业，比如绿化、敬老、环境保护等。我们称参加义务劳动的人为"志愿者"或"义工"。

　　我们知道，劳动创造价值，并且劳动者付出了时间和精力，因此收取报酬是十分合理的。但是，有些劳动是难以用金钱来衡量的，比如我们在学校值日打扫卫生、参加植树活动、到敬老院探望老人、参与环保宣传……这些劳动不仅有益于社会，锻炼了我们的能力，而且我们通过参与这些活动所收获的快乐和满足感，比金钱还要珍贵。

　　还有一种义务劳动相信你一定参与过，那就是——家务劳动。家务劳动是每一位家庭成员应尽的义务，有些国家甚至讨论过立法，要求家庭成员参与。千万别以为妈妈天生就是要做家务活的，爸爸和你也是家庭的一分子，都有分担家务劳动的义务。还有，别忘了义务劳动是不收取报酬的啊！

不只是御林军，故事里的每一位小动物、现实世界中的每一个人，我们所拥有的时间和精力，都是有限的，是一种"稀缺资源"。这意味着，如果我们想用时间和精力来做一件事，有时候就不得不放弃另外一件事。这一点你一定有体会：你要做功课、练习音乐或者体育，那么就没有时间看漫画书或者动画片、没有时间跟小伙伴们玩了，反过来也是一样。有时候，我们多希望有花不完的时间、用不完的精力，可惜谁都没有。一天只有 24 个小时，可是我们想做的事情太多了！

在经济学里，为了得到一种东西，就要放弃另一种东西——这个被放弃的东西，叫作"机会成本"。故事里的御林军如果全心全意地投入保护森林的义务劳动，那么他们就不得不放弃赚钱的工作。反过来，如果全身心地去工作赚钱，那么就要放弃义务劳动。义务劳动和赚钱的劳动相比，显然放弃义务劳动的成本更低，所以他们的选择无可指责——毕竟动物也得吃饭！

1

问：我们生活中有哪些常见的义务劳动？

2

问：“鱼和熊掌不可兼得”这句话里包含着一个经济学概念，你知道它是什么吗？

3

问：如何从“机会成本”的角度考虑问题？

5 神奇的税金

那真的是很久很久以前的事了……连歪歪这一代狐狸们自己，都以为他们天生就是流浪汉，哪知道，原来他们曾经也是有领地的。有领地在冰雪森林中意味着什么？意味着，他们是被冰雪森林官方认证的居民，是全体森林居民的一员！意味着在森林委员会开大会时，可以发言，可以提出意见，可以参与投票！意味着他们从此可以自称是冰雪森林的公民！狐狸们想到这里，脸上露出了做美梦一般的神情。

"多谢金雕爷爷！多谢金雕爷爷！"狐狸们感激涕零，"我们愿意归还大家的贝壳，等我们自己赚钱了，再双倍归还大家的食物！"

狗熊所长冷着脸说："不管有什么理由，偷盗犯罪是事实，狐狸们必须参加义务劳动，负责巡夜两次月圆的时间。各位是否同意？"

我们愿意接受惩罚！

狐狸游乐场曾给冰雪森林居民们带来许多快乐，他们愿意给狐狸一次机会。

各位居民有反对意见吗？

游乐场破产，我的鸡蛋销量都少了一半……

看见大部分居民都表示赞同，金雕爷爷满意地点点头。狗熊所长宣布："既然如此，现在开始投票，绿树叶代表赞成，红树叶代表反对，黄树叶代表弃权，每位居民只能投一票，由紫貂姐妹监票。明天日落之后，如果投票箱里绿叶超过红叶，那么森林大道南端 3 号地就归还给狐狸一家。狐狸们必须归还偷盗的贝壳，并在下次月圆之前，将食物归还给地下城的居民。今后狐狸们必须安守本分，认真经营，不许再偷窃！"

"谢谢金雕爷爷！谢谢狗熊所长！谢谢大家！请大家投一张赞成票吧！"狐狸们不停地向大伙儿敬礼。

森林会议散会后，昼行居民们都睡去了，夜行居民们有的开始劳动，有的在森林里夜巡。星月皎洁，明河在天，只有金雕爷爷、狗熊所长和一些居民代表还在热烈地讨论，他们在商量什么呢？

原来，狗熊所长领导的森林事务所，一直负责冰雪森林的日常事务和安保工作，他领导着一支由猫头鹰、猞猁猫、鼹鼠和水獭组成的御林军，定期巡查天空、地面、地下和河道，全方位保证冰雪森林和居民的安全。可无论是狗熊所长还是御林军成员，大家一直都是义务劳动。

从前，森林居民们为了表示感谢，会赠送一些食物给他们。可是，贝壳出现在冰雪森林以后，大家不再有多余的食物，而是储存贝壳，等需要食物的时候再用贝壳购买。于是，狗熊所长和御林军就面临一个难题——如果他们全心全力地处理森林事物、认真巡逻，就没有足够的时间去做赚钱的工作，搞不好全家都要饿肚子；可是，如果他们去做其他赚钱的工作，就没有足够的时间和精力来保卫森林安全了。

在"狐狸盗窃案"以前，事务所通常是很平静的。而且，狐狸这种小偷小摸，哪里逃得过猫头鹰的眼睛和鼹鼠的鼻子？可是现在，御林军为了填饱肚子奔忙已经够辛苦了，巡逻的时候难免打瞌睡，狐狸们这才有了可乘之机。

"都是贝壳惹的祸！"狗熊所长抱怨道，"以前大家吃饱肚子就够了，现在总想着多赚点钱！"

"怎么能怪贝壳呢？大家都在努力劳动，创造价值，这不是很好吗？"金雕爷爷总能看见好的一面，"总会有其他办法的。"

"如果我们能专心巡逻，不用担心晚餐就好了。"猫头鹰捕头说，"我在树上站岗，心里老不由得想到多捉一些青蛙和蜥蜴赚钱买吃的……

太惭愧了！"

"金雕爷爷、狗熊所长，我有个想法。"357 说，"事务所是为全体森林居民服务的，御林军保卫的也是整个森林的安全，既然这也是一种劳动，是不是也应该获得报酬呢？"

比金雕爷爷年纪还大的乌龟爷爷问："可是这个'报酬'应该由谁来支付呢？"这的确是个问题，如果是一对一的交易，那很简单，"一手交钱，一手交货"就是了。可是御林军有那么多，森林居民更多，这可有点麻烦……

"应该由享受劳动成果的一方来支付——也就是全体森林居民。"357 的想法很聪明，他把"御林军"和"森林居民"分别视为一个整体，而不是零散的一大群个体。御林军提供保卫服务，

森林居民共同支付报酬就好了。

"有道理！"金雕爷爷点点头，"如果森林不安全，大家都会遭受损失。可是……怎样向森林居民们收取贝壳呢？该收多少呢？有案件的时候收，还是定期收呢？向每位居民收，还是只向得到帮助的居民收呢？"

357扑闪着两只大眼睛："应该按照收入，定期征收一定比例的贝壳。"

狗熊所长掐指一算："那可是一大笔钱啊！大概远远超过支付事务所和御林军的报酬了。"

357 继续解释道："剩余的可以由森林事务所统一保管，用在其他地方——当然，必须是对全体森林居民有益的地方，因为钱是大家的嘛！"

"对呀！"狗熊所长熊掌一拍，"比如把咱们的森林大道修整一番，在林地中心建一个小公园，事务所还可以请一些清洁工，保持林地的干净整洁……大家都开心！"

"没错！"357 说，"只要掌握一个原则——取之于民，用之于民，就可以了！"

"不过……"金雕爷爷犹豫了一下，"向森林居民们收钱，大家会愿意吗？"

"把这件事的好处跟大家说明白，由大家投票决定就好了！"狗熊所长好像很喜欢这个主意。

"我愿意！"357带头表示，"还有，也不是每位居民都要收，只是对那些有收入的居民，对超过生活必要开销的部分，征收很小一部分。这样一来，其实每位居民付出的数量很少，可是益处却相当大！"

经营养鸡场的阿黄也同意："没错，如果森林不安全，养鸡场也要遭受损失。我也愿意！"

建筑队长鹿游原说："用少少的钱，换来大大的安全、大大的舒适……听起来不错，俺也愿意！"

……

不久之后，森林居民除了投票赞成把森林大道南端 3 号土地归还给狐狸家族之外，还投票通过，有收入的森林居民，都拿出家庭收入中的一小部分，交给森林委员会，用来保护森林安全，改善全体居民的生活环境。取之于民、用之于民，森林居民们称它为"税"或"税金"。

"税"是什么东西？

国家依照法律规定，向企业或集体、个人强制征收的货币或实物叫作"税"。许多国家的政府利用税收完成基础设施建设，构建社会福利体系，并在经济萧条时增加投入，用来刺激经济。总体来说，税收的用途非常广泛，如果应用得当，社会上大多数人都会受益。

森林委员会为什么要用投票的方式做决定？

冰雪森林是大家的，所以在做决定时，每一位森林居民都有平等参与公共事务讨论和决策的权利。用投票的方式听取每一位居民的想法，再依照"少数服从多数"的办法做出决定，这样能够体现大多数居民的意志，是一种相对公平的决策制度。

"税"跟我们有什么关系?

作为学生,我们还没有收入,自然也就不用纳税。但是如果你的爸爸妈妈有工作,他们很可能就是纳税人。虽然他们缴纳的税款不能像其他花出去的钱一样,直接换来我们想要的东西,可是这些税金绝对不是白交的。如果你上的是公立学校,那么你享受的"九年义务教育"的学费就是由税金来支付的。我们每天上学经过的那些公路、桥梁、公园,甚至我们的学校,水管里流出的干净的自来水,污水排放处理、垃圾处理等公共设施与服务,样样都离不开税金。

故事中的森林御林军负责保卫整个森林和居民的安全,这就属于公共服务,所以劳动报酬应当由森林居民们交纳的税金来支付。在现实生活中也是这样的,警察保卫城市和公民安全,一般情况下他们的工资也来自纳税人交纳的税金。

1 问：御林军的工资要用大家交纳的税金来付，这合理吗？

2 问：阿黄为什么支持交税的提议呢？

3 问：生活中你认为哪些设施属于公共服务系统？建造这些设施的钱是从哪儿来的？

6 逃税居民霹雳

森林委员会颁发的《冰雪森林征税法案》正式生效了。按照规定，森林居民如果月收入超过 30 枚贝壳，就需要将超出部分的十分之一上交森林事务所，作为税金。可别小看这"十分之一"，大量的"十分之一"汇集起来可是相当巨大的一笔财富！有了这些税金，森林事务所和御林军可以从森林委员会领取一份工资，再也不用担心饿肚子了。

组成御林军的猫头鹰、猞猁猫、鼹鼠和水獭四路大军，本来就是天生的捕猎高手，一旦不用为生计发愁，专心于森林防卫，战斗力简直强得吓人！现在的冰雪森林可谓路不拾遗，在林地里丢了东西不怕，返回寻觅，准还在那里。

虽然"税金"是个好东西，可也不是每位森林居民都心甘情愿地交税。比如，暴脾气的兔子霹雳就颇为不满："我霹雳厉害得很哩，谁要御林军保护！"霹雳是冰雪森林里第一位，也是唯一一位拒绝纳税的居民。

"那玩意儿跟我有啥关系？哼！想搜刮我的钱，门儿都没有！我要搬到外面去住，自由自在！"霹雳背起一个小包袱，准备到雪山的另一侧去闯荡闯荡。听说棕熊贝儿春夏就住在山上，没有贝壳也活得好好的，霹雳觉得自己也没问题。

"跨过小河堤——"霹雳心情不错，边走边扯起嗓子唱起来，"没有357！357是坏东西，尽出馊主意！跨过小河堤，没有357……"

霹雳准备在河堤收窄的地方架桥渡河。冰河的另一侧虽然也是冰雪森林的领地，可常有人类出没。"除了棕熊、老虎这样的猛兽，金雕、猫头鹰这样的猛禽，或者357这样的猛……聪明过头的怪家伙，一般居民是不敢轻易渡河的。"霹雳这样想着，觉得自己十分勇敢。

"过了河，我霹雳就是一条好汉！"霹雳铆足了劲儿，用枯树枝架桥，"哈哈！冰雪森林最生猛的'猛兔'霹雳来啦！"他大摇大摆地跨过冰河，扑通一声跳落在河对岸的草地上。

霹雳直挺挺地站了一会儿，深呼吸，终于壮着胆子迈开大步："哼！这边的土地踩起来也没什么区别嘛！狗熊所长是骗子，哈哈哈！"

为了防止森林居民，特别是小型森林居民和幼崽到河对岸玩耍，森林里一直流传着狗熊所长的警告：冰河对岸充满了人类设下的机关和陷阱，那是一片有去无回的沼泽——只要踩到那边的土地，它就会张开大嘴把你吃掉，再也回不了家……

霹雳越走胆子越大，越走越得意。他刚准备继续唱歌，两只耳朵嗖地竖了起来——林子里有声音！是什么？人类吗？霹雳站住不动，两只耳朵紧张地搜索声音的来源。

"呀！"霹雳大叫一声，撒腿就跑。

原来是猎犬！一只跟老虎奔奔差不多大的猎犬从林子里扑了出来，霹雳吓

得撒腿就跑。他飞奔回河边，幸好那桥还在！霹雳连滚带爬地冲过小桥，又使出吃奶的劲儿，把枯树枝搬开，试图阻止猎犬继续追赶。谁知，那猎犬根本不怕水，他毫不犹豫地跳进奔涌的冰河，紧跟着霹雳冲进林地。本来霹雳钻进地洞，猎犬也无可奈何，可是这里离霹雳的家太远了，他只好撒腿冲进树林，大喊救命。可是霹雳除了自己的呼救声和猎犬兴奋的叫声，什么也听不到……

就在霹雳筋疲力尽，近乎绝望的时刻，那猎犬忽然停下来了，霹雳趁机拼命地挖洞。可是，那猎犬又俯下身，尾巴也慢慢垂下去。远处，猎犬的主人在呼唤他的名字。猎犬犹豫了一会儿，慢慢退后，终于转身跑了。霹雳洞也不挖了，他喘着粗气，重新挺胸抬头，上气不接下气地说道："哼，狗仗人势！到底……是我霹雳的地盘，算你……识相！霹雳就是最厉害的猛兔！"

"哎呀！"霹雳转身，又吓了一跳。不知什么时候，一群狼出现在他身后。

原来，猎犬怕的不是自己，而是狼群！

"咳咳！"霹雳故作镇静，"多谢各位狼兄搭救！"

霹雳从包袱里抓出几枚贝壳："嗯……一点小意思，请各位……"

狼群首领狼威风摆摆手："你把贝壳收回去吧！我们是新任御林军，职责所在，不必言谢！"

狼威风又一挥手，狼群瞬间消失在林地里。

霹雳握紧小拳头朝林子里喊："我是想说请各位喝茶，我不是怕丢脸！"

说完这话他自己也觉得好笑，何必嘴硬呢。再看看手里的贝壳，霹雳才明白，

原来那些"税"也不是白收的。这不，森林事务所又扩充了御林军，要是没有他们，刚才自己的小命可能就没了。一代猛兔霹雳，要是被狗捉住，最后变成人类餐桌上的一道菜……

"我说收集那么多钱都花到哪里去了呢，交就交，反正我也不吃亏！"

这小小的"惊魂事件"之后，霹雳不再认为自己是"最厉害"的了，更明白了御林军可不是摆设，就算他们站在那里不出手，对闯入冰雪森林的家伙来说，就是一种威慑！

另外，除了扩充御林军保卫森林安全，森林委员会和森林事务所还用收上来的税金修整了森林大道，建起了森林公园。而且，所有参加公共劳动的森林居民，都和御林军一样，可以从森林事务所领取一份报酬，不用担心饿肚子。

这样的好事，霹雳当然也没落下。森林公园完工后，他也从狗熊所长那里领取了一小袋贝壳。霹雳打开袋子一数，还不少呢！"嘿！这个贝壳……"霹雳抓着一枚贝壳给 357 看，"这就是我当初交上去的'税'啊，看，它又

回来了！"

357 仔细一瞧，贝壳的边缘有一个小小的牙印。

"这是我啃的。"霹雳说，"当初舍不得它被搜刮去啊，摸着摸着，我就啃了一口。"

"把大家的钱拿去自己享用，那才叫'搜刮'；像这样，用大家的钱，做大家受益的事……"

"叫'收税'！明白！"霹雳握着他"失而复得"的小贝壳，"它曾离开了我，我干了几天活，嘿，它又回来了。森林里还多出个公园来，真不错！看起来'税'真不是坏东西！"

所有人都要交税吗？

在我国，有交税义务的人称为"纳税人"。这个"纳税人"不一定是个人，也可以是集体或是企业。

由于生活有一些必要的开销，为了保证基本生活，税收设置了一个"起征点"。故事里"森林居民如果月收入超过30枚贝壳，就需要将超出部分的十分之一上交森林事务所"，这"30枚贝壳"就是"起征点"。假如森林居民的收入低于这一水平，就不必交税了。这样规定是为了保证低收入者的基本生活。

虽然学生没有收入，不是法律上的"纳税人"，但是我们购买的一些商品中可能含有"消费税"，只不过这些税由付款的大人们交纳了。

每个纳税人交的税一样多吗？

除了"起征点"，我国的税法还规定了不同的"税种"和"税率"。也就是说不同收入的人群、不同的税种，适用的税率是不同的。

森林居民要将月收入超出30枚贝壳部分的十分之一作为税收上

交,这"十分之一"——也就是 10%，就是冰雪森林规定的"税率"。

简单来说，收入越高，要交的税金也就越多。这一点体现了税收资源再分配的特征，让收入较少的人们也能够享受到社会服务和公共设施。

税收是什么时候出现的？

税收的历史可能比你想象的还要长，早在公元 2000 多年前，古埃及就有了比较完善的征税系统。你可能会想，那么久以前，连货币都还没有呢，用什么交税？其实，税收也有很多种形式。在货币出现之前，可以用物品或资源，比如古代中国的"纳粮"，就是以粮食的形式交税。税收也可以是劳动的形式，比如古代中国的"服徭役"，其实也是一种税。

1

问：兔子霹雳认为税收是"搜刮"，这种想法对吗？

2

问：兔子霹雳参加公共劳动还拿报酬，这样对吗？

3

问：狼群为什么愿意加入御林军，保护森林安全呢？

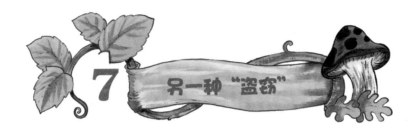

7 另一种"盗窃"

凉风至，白露生，寒蝉鸣，正是立秋好时节。

集市大门口，森林事务所的狗熊所长抱起一块大西瓜，认认真真地啃了一口——用这个"啃秋瓜"仪式，宣布冰雪森林的秋天集市开市了！森林居民们从四面八方赶来，拥入市场。

森林委员会用税金扩大了集市的场地，不仅不再像过去一样拥挤，还按照商品类别分成东西南北四个区域，显得井井有条。

357 也破天荒地来赶集了——他想借冰雪森林最热闹的集市，隆重推出棕熊贝儿发明的"六花神露水"。

"六花神露水"的配方经过几次调整和改良，终于确定了。棕熊贝儿挑选了最优质的花草，收集最干净的露水和山泉，经过清洗、过滤、蒸馏、萃取等多道工序，一共制作了 30 瓶。

"这么热闹，我看咱们的新产品一定能大受欢迎！"京宝一面把装着"六花神露水"的绿色玻璃瓶摆好，一面对 357 和扎克说。

357 却左顾右盼，似乎有些担心："京宝，你有没有觉得今年的集市有

点奇怪？"

"你是太久没来赶集了！"京宝笑道，"有很多陌生的面孔对吧？他们是从附近赶来的，咱们冰雪森林的集市可是远近闻名呢！"

"我是说……他们好像有目标似的，直直地就往东边去了，不像是逛集市的样子。"357 望着来来往往的森林居民，似乎发现了原因，"你看，他们都拿着什么呀？"

京宝直起身子仔细一看，咦？怎么每位赶集客手里，都拿着一片树皮纸，上面花花绿绿的不知道画着什么东西。

"我去集市门口看看。"京宝说着就跳开了。

一会儿工夫,京宝抄近路从树梢上"飞"了回来,他气喘吁吁地叫道:"357、扎克,不好了!不好了!"京宝也从集市的入口处拿了一片树皮纸,357和扎克凑近一看,纸上居然写着:"驱虫止痒,清凉舒爽——大花神露水",下面一行小字:"请到集市东路5号,森林老鼠摊位购买!"更绝的是,树皮纸上还画了一只绿色的玻璃瓶,连标签都和扎克设计的一模一样!

"这……怎么可能!"357和扎克简直不敢相信自己的眼睛!六花神露水的标签是扎克想了几个晚上,修改了好几次,最后一笔一笔画出来的。那"驱

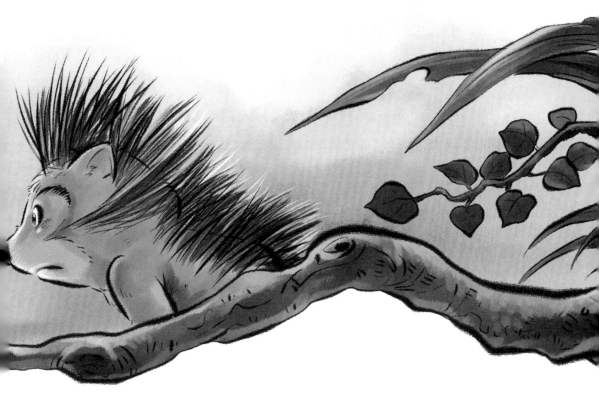

虫止痒,清凉舒爽"几个字,也是他绞尽脑汁才琢磨出来的宣传语啊!"鼠来宝"的地下仓库没被盗,"六花神露水"却彻彻底底地"被盗"了!

"偷我们的创意和设计还不算,居然还敢自称'大花'!"扎克气得直跳脚,浑身的刺都竖了起来。

"会不会……"京宝喘口气,"贝儿调整了配方,又卖给了森林老鼠?"

"我相信贝儿!"357十分坚定地说,"药水是我们请他研制的,他绝不会随便给森林老鼠。再说,这东西说起来简单,可是制作起来很不容易,贝儿忙了这么久,才弄了30瓶给我们,他哪有工夫再给森林老鼠做?"

"是啊！我刚从树上过去看了一眼，森林老鼠那里少说也有100瓶！而且他们只卖2枚贝壳，比我们还便宜一点。"京宝急坏了，"这下我们怎么办？"

　　扎克眯着小眼睛，握起小拳头，似乎357一声令下，他就要冲到森林老鼠的摊位上，讨个公道。

　　357坐了下来，越是面对这样意料之外的状况，他反而越冷静，冲动和

愤怒是不能解决任何问题的。357是相信贝儿的，见利忘义才不是贝儿的性格。而且，只要用脑子想一想就知道，按照贝儿的制作方法，短时间内制作出100瓶是不大可能的。这样想来，结果无外乎两种：要么森林老鼠偷了贝儿的配方，又偷工减料；要么森林老鼠只是偷听了他们的创意，所谓的"大花神露水"不过是徒有其名，压根儿没有功效。

357当机立断："京宝，你行动最敏捷，请你去森林老鼠那里买一瓶大

花神露水，带去贝儿那里，麻烦他鉴定一下。扎克，咱们先把自己的神露水收起来，京宝回来之前我们不卖。"357拿出虫虫脆和扎克新发明的零食——胶皮虫，"整个集市找不出这么新奇的零食，咱们先卖这个。"357也拿出一沓树皮纸，画上虫虫脆和胶皮虫图案，写上摊位地址，"不就是宣传吗，我也到集市门口去发广告！"

"好!"京宝转身上了树。

　　扎克也非常利落地收好六花神露水，摆上虫虫脆和胶皮虫，卖力吆喝起来:"'鼠来宝'的虫虫脆又出了新口味，冰凉解暑薄荷味，薄荷味的虫虫脆!"

　　扎克吆喝得带劲儿极了，赶集的森林居民们呼啦啦围了上来。扎克趁热打铁: "'鼠来宝'新出的胶皮虫，弹力大无穷!"

广告是什么？我们周围为什么有铺天盖地的广告？

利用媒体向公众宣传商品、服务等信息，就叫作广告，也就是"广而告之"的意思。在我们的生活中，电视、网站、报纸、杂志，甚至马路上、电梯里，都能看见数不清的广告，这些都是商家的营销行为，目的是扩大商品的知名度和影响力，吸引更多的客户，购买他们的商品和服务。

做广告通常是非常昂贵的，而且越醒目、越容易被更多人看到的广告就越贵！虽然许多做广告的商品和服务的确不错，但是也有很多劣质产品想通过广告营销的方式来赚钱——比如，森林老鼠的"大花神露水"，虽然质量差，但因为广告宣传，居然蒙骗大家也卖了出去。

偷盗创意、设计也算是"偷"吗?

从小的方面说，"六花神露水"的名字是357想出来的，药水是棕熊贝儿制作的，标签和宣传语是扎克设计的，这是他们的劳动成果。我们知道，脑力劳动也是非常辛苦的劳动，脑力劳动的成果同样应当受到尊重和保护。虽然森林老鼠没有直接偷走他们制作的药水，但是窃取了他们的脑力劳动成果，与偷盗财物一样，属于违法行为。

从大的方面说，具有商业价值的技术、经营等信息，属于商业秘密。比如，棕熊贝儿发明的驱虫药水，它的配方、制作方法，包括整个创意，都是属于棕熊贝儿和"鼠来宝"的商业秘密。

在现实世界中，有些商业秘密关系到企业的生死存亡，不仅要严格保密，也是受法律保护的。比如一些家中常用的中成药，它们的配方和制作方法就属于"绝密"的商业信息。

1 问：357 为什么认为森林老鼠的"大花神露水"可能偷工减料？

2 问：森林老鼠的"大花神露水"是巧合还是故意而为？

3 问：森林老鼠并没有偷药水，只是偷了创意，这算偷吗？

8 真假神露水

集市上扎克的零食正卖得热火朝天，那边京宝已经拿着大花神露水找到了棕熊贝儿。贝儿正在一大堆实验仪器中忙碌着，他热情地招呼京宝："快来！"

京宝跳到棕熊贝儿的肩膀上，闻了闻贝儿手中的小瓶子，香气扑鼻，一路飞奔的疲劳似乎缓解了不少。京宝叫道："好香！"

"这不好说，需要做实验，才能知道里面究竟有什么。不过，做得跟我们一模一样，那就不可能是巧合，而是故意模仿的冒牌货……应该是我们在'鼠来宝'商量的时候，被谁偷听了吧！"

京宝带着棕熊贝儿的鉴定结果匆匆赶回集市，357 静静地思考了一会儿，认为问题的关键在于，必须在外观几乎相同的情况下，尽可能地把"六花神露水"和冒牌货"大花神露水"区别开，否则不单浪费了贝儿的辛勤劳动，"鼠来宝"的声誉也会受损。

"扎克！"357 叫来正在摊子前卖力吆喝的扎克，"森林老鼠不光窃取了咱们给药水取的名字，一定还偷看了你设计的标签，否则不可能一模一样！好在贝儿说，他们的药水就是乱调的，效果不佳。现在，你有没有什么办法，让咱们的神露水和冒牌货区别开呢？"

刺猬扎克微微一笑，抓起画笔和一瓶六花神露水，在原来瓶身的标签上，画了一个圈圈。圈内画上棕熊贝儿帅气的侧脸，再沿着圈外写上贝儿草药园的名字——"熊草堂"，外加"鼠来宝独家代理"一行小字。"怎么样？他们偷了药水的名字，总不能再偷贝儿的脸和咱们'鼠来宝'的招牌吧？只要没有这两样标志，不管多么大的'大花'，也是冒牌货！"

扎克改过的新标签比原来更漂亮了，金黄的底色，淡蓝的熊脸标志，白色的花草图案和深色的文字，清新别致，与神露水的香味相得益彰。扎克改好全部标签，又画了一张招牌摆在摊位前，特别强调是"六"花神露水，请认准"熊草堂"标志，"鼠来宝"独家代理。这还不算，扎克还拿出一瓶神露水，让往来的顾客闻一闻，试着洒一点。试过的顾客无不喜欢，29瓶神露水很快就销售一空，连试用装剩下的半瓶都被抢购走了。

357 他们正准备提前收摊庆祝，老虎奔奔提着小篮子出现了。

"亲爱的朋友们！好久不见！"

"好久不见啊，奔奔！"京宝招呼道，"你跑到哪里玩去了？"

"嘿嘿，357 给我的新玩具好玩得不得了，我根本没出家门！"奔奔看

上去十分开心，"人类可真厉害，我也想发明有趣的玩具，说不

定有一天也能开间玩具店呢！"他边说边从篮

子里拿出一大包花生，"这个是

我的礼物，送给你们。"

　　原来，357 在河对岸城市老鼠那里看到一只电动老鼠，应该是城市人类用来逗猫咪的玩具。他觉得新鲜，就换回来送给了奔奔，没想到奔奔玩上瘾了。

　　357 跳上摊子去接那一包花生，却被奔奔身上的味道呛出一个喷嚏。

　　奔奔笑道："哎呀呀，森林老鼠家的驱蚊水威力太大啦，357 都呛着啦，虫子更得绕着我飞！"

　　原来奔奔刚买了森林老鼠假冒的神露水，还迫不及待地抹在了身上。远一点的京宝和扎克也被呛得直咳嗽。京宝心想，这哪里是驱虫水呀，简直是杀虫剂！

　　357 想送一瓶正宗"熊草堂"牌神露水给奔奔，可惜全卖光了，只得好

心提醒道："奔奔，你身上这个味道很邪门儿，闻久了会迷糊，最好不要用。"

奔奔道："嗯，是感觉有些迷糊……"他眼睛快睁不开了，"我得赶快回家洗个澡……"奔奔的两只耳朵不停地扇动着。

357看着他晕晕乎乎地离开，有些不放心。

"奔奔可是老虎啊，洗干净应该就没事了。"京宝安慰道，"回去我们

请贝儿多制作一些正宗神露水，免得再有小伙伴上当。"

　　幸好357反应迅速，"森林三侠"配合默契，六花神露水虽然不幸"被盗"，好在有惊无险。和虫虫脆、胶皮虫一样，六花神露水一经推出也大受欢迎。比广告更厉害的，是森林居民的口碑。这下，大家都知道，带熊脸标志的"熊草堂"牌六花神露水才是正宗，"大花"和"六花"比虽然看起来差不多，却是呛死不偿命的冒牌货！"鼠来宝"又多了一样招牌产品,已经供不应求了！

商品为什么要有"品牌""注册商标"之类的东西?

品牌是商品或服务的名称和识别标志,用来与市场上其他产品相区别,方便消费者识别和记忆。有了品牌,我们就能从市场上众多相似的产品中找到想要的东西。

品牌代表的是商品或服务的质量和信誉,特别是那些"老字号"和"驰名品牌",都是用几十年甚至上百年的时间,精心培育出来的,有着很高的商业价值。正因如此,"山寨品"常常使用相似的外包装、真假难辨的名称,想借正品的光获取利益,就像大花神露水那样。在商业上,这属于违法行为。

做广告有时候要花很多钱,这值得吗?

几乎所有"是否值得"的问题,都是两相比较而言的。要考虑付出什么,又将收获什么。

做广告通常要付出很高的成本(金钱),但是可以收获知名度,让更多的人知道某种产品和服务的存在,进而获得更高的销售量,获取利润。很显然,如果销量增加所获得的利润,超过做广告付出的成本,那么就是值得的。反之,如果花了许多钱去宣传,知名度和销量却没有提高,那么就不太值得啦。不过,失败的广告营销与广告本身的质量和投放方式有很大关系,所以,"广告"本身也是一门学问呢。

1

问：扎克为什么要给六花神露水多加一些标志？

2

问：商家为什么特别讨厌冒牌产品？

3

问：你有没有喜欢的品牌？你见过这些牌子的"山寨"品吗？你对此有什么想法？

9 盛夏消暑宴

秋天集市结束后不久，冰雪森林迎来了一年中最炎热的日子。森林里日晒如火，树静蝉鸣——传说中的"秋老虎"来啦！

"鼠来宝"里，门窗、露台全开，还是没有一丝风，憋闷得喘不过气来。

京宝和扎克在露台上晒了浆果、蘑菇和虫子，五颜六色，十分美丽。357 在厨房里忙活，他用荷塘里采来的荷叶做了绿荷包子——不仅小麦粉中掺了磨碎的荷叶，上锅蒸时，包子外面也裹了新鲜荷叶，内外荷香四溢。五彩蜜珠果则是用新鲜水果和蜂蜜制作的，酸甜可口。京宝和扎克在露台上闻到香味，不由得流出口水来。

　　傍晚时，棕熊贝儿带着新配制好的"熊草堂"牌六花神露水，来"鼠来宝"参加消暑晚宴。除了神露水，他还带来了消暑的"伏茶"，据说里面有金银花、夏枯草和甘草等几味草药，可以清凉祛暑，正适合伏天饮用。

　　露台上的京宝忽然喊道："瞧，'秋老虎'来了！"

　　没想到，老虎奔奔听见京宝的声音，却变得扭扭捏捏起来，似乎不愿意见到大家似的。

　　等他走近了一些，357 才发现不对劲儿，他惊叫道："呀！奔奔，你这是怎么了？"

　　原来不是奔奔不愿意见到大家，而是怕被大家嘲笑——他那漂亮的金黄色毛发，像是被蝗虫啃过的庄稼一般，秃了一大片！

　　奔奔哭诉道："瞧瞧我呀，变成秃头虎了！"这消暑晚宴要不是开在晚上，恐怕他还不肯出来呢！

贝儿检查了一下奔奔的皮毛："你这是用了森林老鼠的大花神露水吧？"

奔奔垂头丧气地点了点头。

"那就对了，假冒伪劣产品的受害者可不止你一个，最近掉毛的森林居民可多了。"贝儿摇摇头，"没办法，明天去'狸猫记'剃了吧，然后等毛自己长出来……"

话音未落，京宝感觉树林里有声音。他招呼道："要买东西请过来吧，还没关门呢！"

不远处的树后，钻出一个白色的小脑袋，是兔子霹雳："请给我一瓶正宗'熊草堂'牌六花神露水。"他的声音幽幽怨怨的，大家从来没见过如此"温柔"的霹雳。

扎克招呼他："霹雳过来吧，我拿给你！"

霹雳又缩回树后，小声道："我不过去，你过来！"

357热情地邀请他："霹雳，这里有好吃的，一起来热闹热闹。"

霹雳白色的小脑袋先是紧张地查探四周，然后犹犹豫豫地从树后现身——天哪！难怪他要躲在树后！霹雳一身漂亮的白毛被剃得干干净净，只剩下毛茸茸的脑袋，远远看去像一根大白兔棒棒糖！

大家惊呆了，不过很快明白过来——霹雳也是大花神露水的受害者之一！霹雳是最爱美的，他现在一定难过极了！所以大家拼命忍着，没笑出来。老虎奔奔却是真的笑不出来，因为，明天他也将会变成"小老虎棒棒糖"。

贝儿安慰霹雳："霹雳，别怕，每天保持皮肤清洁，搽一些正宗六花神露

水，你的毛毛很快会长出来的。"

"是啊！"奔奔指着自己的毛安慰道，"明天就有我陪着你了。哼，天气太热了，剃光了倒凉快。"奔奔倒是逐渐乐观起来。

霹雳看见半秃的老虎奔奔，暴脾气又上来了："明天，咱俩找他们算账去！"

"我早去找过了！"奔奔叹气，"他们已经跑了。"

"别生气了，霹雳，你这样也挺漂亮的。"357端来绿荷包子和五彩蜜

珠果给大家品尝。京宝则用剩下的荷叶给霹雳裁了一件小褂子，霹雳穿上它，

显得自在多了。

　　清新的荷香、甜蜜的鲜果和凉爽的伏茶让大家很快忘记了烦恼，静静欣

赏落日后的余晖，看星星一颗颗在夜幕上点亮……

　　"深林人不知，明月来相照！"是棕熊贝儿的声音。

　　奔奔赞叹道："好诗！".

贝儿一脸惊讶："不是我念的呀，我只会做药，哪里会作诗？"

兔子霹雳问："不是你是谁呀？"

"秋光冷画屏，小扇扑流萤！"这下是奔奔的声音。

大家都觉得不对劲儿了，奔奔根本没有说话。

357再次确认："奔奔，刚才是你吗？"

"不是我啊！"奔奔瞪大了眼睛，"我也不会作诗。"

"不是你是谁呀？"这不是兔子霹雳刚才说

的话吗？虽然怪声怪气，可确实是霹雳的声

音。但此时此刻的霹雳，嘴里塞着满满的绿荷包子，根本不能说话。

　　大家都不作声了，屏息四望。呼啦，头顶上好像有什么东西飞过。低头一看，哎呀，桌上的绿荷包子不见啦！呼啦，又一下。哎呀，一盘五彩蜜珠果也不见啦！

　　"什么东西？给我出来！"兔子霹雳顶着棒棒糖似的大脑袋朝天上喊。

　　"什么东西？给我出来！"树梢上传出和兔子霹雳一模一样的声音。

　　357 朝那个声音喊道："来了就是朋友，欢迎加入我们，请现身吧！"

　　这个神秘的声音，到底是谁呢？

国家为什么要制定法律,保护消费者权益?

我们作为消费者,在购买商品和服务时享有许多基本权利,比如,我们有权询问商品和服务的相关信息,确保商品和服务是安全的,我们还有选择购买或者不买的权利,当商品和服务质量不过关时,要求退款或赔偿的权利等等,这些基本权利是受国家法律保护的。法律不仅保护我们的权利不受侵害,同时也规范商业行为,让市场更加公平。

我们在日常消费时,应当懂得保护自己作为消费者的权利。比如买到假冒伪劣或者质量很差的商品,是可以要求商家退货和赔偿的。但是,我们的权利虽然受到保护,却也不能随意滥用。有些人在购买质量合格的商品并使用超过一段时间后又不想要了,就找理由要求商家退款,这便属于滥用权利。

除了消费者，生产者的权利也是受到法律保护的。在商品的外包装上，经常能看到"注册商标"字样，有时还有一个小标志"®"。这代表商品的标识经过管理机构依法核准，除了注册者以外，其他人没有使用权。

在我们的故事里，扎克为六花神露水设计了一个棕熊侧脸的标志，可以称为"商标"，但是他还没有"注册"，理论上这是比较危险的，如果森林老鼠再偷了这个标志，并且提前到森林事务所注册，那么这个商标可就归他们了！

问：老虎奔奔和霹雳用大花神露水掉了毛，可以找"鼠来宝"索赔吗？

问：买到假冒伪劣产品怎么办？

问：商品外包装上的"注册商标"是什么意思？

10 大侠猴踏天

　　"鼠来宝"的消暑晚宴上，似乎来了不速之客。未见其形，先闻其声——不对，这家伙一直在学 357 小伙伴们的声音，还不知道是个什么角色呢！

　　"这位朋友就大方多了！"一只猴子尾巴挂着树枝，悬在半空中摇摆，显了真声，露了真容。冰雪森林里没有猴子，这让大家吓了一跳。"好味道！"猴子在空中荡了两下，绿荷包子和五彩蜜珠果又回到了桌面上。

猴子一个空翻落在地面上，毫不客气地加入消暑晚宴。这猴子身手敏捷，林间无影，落地无声，难怪值夜的四路御林军好像都没发现他。

357试探地问道："您是……"

"各位请坐！"猴子反客为主，"我叫猴蹿天，乃是行走江湖的侠客。幸会！幸会！"这位猴大侠倒不客气，"天生地长，四海为家。路过冰雪森林，听说这里也有三位侠客，就进来拜会拜会！"

京宝害羞地笑道："我们是号称'森林三侠'，不过那是大家给起的化名，其实我们从来没行走过'江湖'。"

"猴大侠此来，嗯……所为何事？"扎克被猴蹿天带跑了口气，说话也变得文绉绉起来。

　　"投资！"猴蹿天不知从哪儿拎出一个布口袋。他把袋子一丢，嚯！里面金光灿灿，是金银贝。"跟南边比起来，你们冰雪森林还是落后了一些，南方的云雾森林、西部的山海森林，已经开始用金银替代贝壳了，你们还是这么原始。"

　　先不论到底啥是"投资"，猴蹿天傲慢的态度，还有他给冰雪森林"落后""原始"的评语，已经令大家十分不舒服。

　　"这才是真正的'钱'，"猴蹿天得意地介绍，"俺

要把这些钱投资在冰雪森林，这样咱们就可以一起赚大钱，各位意下如何？"

"这不是钱！"兔子霹雳反驳道，"这种东西我们冰雪森林也多得很，是用来做装饰的。"谁也不能在兔子霹雳面前说冰雪森林的坏话。

"你们当初决定用真贝壳当钱的时候，贝壳不亦为装饰乎？"猴蹿天振振有词。

猴蹿天说得似乎有些道理。使用贝壳币虽然比以物易物方便得多，可总觉得哪里有些别扭，比如——虽然相对坚固，还是偶尔会碎掉，不易保存；有时用不掉一枚贝壳，却不能把它拆分变小；冰雪森林又不出产贝壳，碎掉的越多，剩下的越少，可是却没办法补充……

　　没等大家想明白，猴蹿天开门见山："我看好你们家的六花神露水啦！是谁这么聪明，发明了这种好东西，别的森林都没有。我要把这些金银贝投资在你们的六花神露水上，把它们卖到其他森林去！咱们马上就能赚很多很多钱！"

　　357好像明白了什么："这……不叫投资，顶多算'投机倒把'。猴大侠无非是想低买高卖，赚个差价罢了。"

　　猴蹿天没想到，冰雪森林这种还在用贝壳交易的地方，居然也有不好对付的家伙！一计不成，只好再生一计："嗯……那么我把这些金银贝投资在你们的配方上，可乎？钱归你们，配方归我……想想吧，你们只用一张纸，就能换来这么多的钱，这可是天上掉馅饼！"猴蹿天使劲儿地摇晃那一袋子金银贝。

357明白了，这猴蹿天根本就是掉进了钱眼儿里，想要快速地赚钱。真正的投资可没这么容易，不仅要承担很多风险，想在短时间内赚钱更是不可能。

猴蹿天见357不说话，以为他心动了，赶紧趁热打铁："所以……你们的秘方到底是什么，告诉我，可乎？"

京宝凑近猴蹿天，故意小声说："秘方就是……"

357有些着急，既然是"秘方"，怎么能轻易透露给这个来路不明的家伙呢！

京宝指着棕熊贝儿："他——亲自做！"

此话一出，357松了口气。

"除此之外，还得用我们冰雪森林天生地长的花草树木、林间露、高山泉。猴大侠，您……明白乎？"京宝特意强调"天生地长"四个字，这是回敬猴蹿天呢。

"说得好！"大家心里默默赞叹京宝的机敏。

"没错！"357说，"除了六花神露水，我们还在研制九花玉露散、含笑大力丸……猴大侠想要什么，买什么就是了。可这样样都是费功夫的，就算您用金银贝来买，也得和别的顾客一样，耐心等待！"

"好，那我就住下，慢慢等！"猴蹿天碰了钉子，却并没有离开的意思。

"冰雪森林欢迎外来的朋友，"奔奔大方地说，"不过按照规矩，您得

到森林事务所登记，租一小块地，还得遵守我们的《森林公约》；要是再这样，躲在树上偷听，被我们的御林军捉住，这一袋子金银贝，恐怕还不够交罚款的。"

猴蹿天只好嬉皮笑脸地服软道："虎爷教训得是，俺入乡随俗便是。"

357看着月亮爬上树梢，对大家说："到时间了，咱们走吧！"

"哎，去往何处？"猴蹿天还想跟着。

"去冰河边啊，今晚我们冰雪森林放河灯。"兔子霹雳似乎已经忘了剃光毛的烦恼，抖着荷叶做的小褂子粗声粗气地喊，"要见识一下吗？"

老虎奔奔提醒猴蹿天："要遵纪守法哦！"

猴蹿天眼看他们就这样离开了，连店面也没有关。他正想着不如偷两瓶六花神露水回去研究研究，抬头突然望见树梢上整齐地站着一排猫头鹰，直勾勾地盯着自己。他再朝林子里一看，一对对碧绿的猞猁猫眼儿若隐若现，搞不好藏着千军万马！原来猴蹿天一入森林，早被四路御林军盯上了，只是见他并没有做坏事，所以决定暂时观察他而已。猴蹿天不禁感叹，冰雪森林还真是名不虚传。他只好收起金银贝，老老实实地到森林事务所登记去了。

林子里蹦出来的这位猴大侠，一看就是行走江湖的老手，会模仿各种声音，似乎还有点功夫。要说他好嘛，可他鬼鬼祟祟的，满脑子都是"投机倒把"；要说他坏嘛，却又挺好说话，能讲道理。他的家在哪里？为什么来到冰雪森林？他那一大袋子的金银贝又是从哪儿弄来的？关于他的来历，恐怕咱们要慢慢去了解了。

此时，357一行已经来到了河边，远远地就看到河面上灯火闪烁。大大

小小的河灯带着森林居民们的美好心愿，随着冰河水漂散开……

"冰河灯火映岸红，静听秋蝉时雨声。"

大家呆呆地看着京宝，又齐刷刷地回头往林子里张望，还以为猴蹿天也跟来了。

京宝下巴一扬："哼！他猴大侠会吟诗，我松鼠侠就不会乎？"

小伙伴们心领神会，于是都模仿起猴蹿天的样子，摇头晃脑地念起诗来。

秋月下，冰河岸上，水声灯影里，大家笑作一团……

什么是"投资"?

"投资"在不同的情况下有许多种定义。比如,爸爸妈妈说的理财投资,是指将现金用于购买金融产品,期望在未来获得更多的收益;为你的教育投资,是指投入金钱精力支持你学习,期待你能获得长期的进步。企业的投资是指投入资金购买生产设备或者扩大生产规模,期待在未来一段时间里,逐渐收获更多的利润……总而言之,所谓"投资"几乎都涉及"付出"和"收获",并且在它们之间,有一个比较长期的过程。

猴蹿天说"很快"就能赚大钱,357就知道这不能算是投资,因为投资几乎总是需要时间,才能慢慢收回成本的。像猴蹿天这种,低买高卖,转手赚快钱的行为应该叫作"投机"。真正的投资有很多不同形式和方法,我们在后面的故事中会讨论什么是真正的投资。

在历史上，金银最早几乎是作为装饰品使用的。之所以慢慢成为
货币，是因为它们拥有极为稳定的化学性质，比如不像铁那样容易生锈，
具有很好的延展性，容易分割成小块等等。

早在春秋时期，中国人就把黄金制作成金片、金饼，并当作货币
使用。白银则要晚一些，唐朝时才出现了银元宝，而普通人在市场上
使用"碎银子"得等到明朝了！那时候的人们买东西可不像我们今天
这样方便，因为使用银子是要称重的，所以出门除了银子，还得带剪
子和秤，先把银子剪碎，再用秤来称一称。不过，即使"碎银子"也
是很值钱的，普通人一般只用到铜钱。在古装电视剧里看到的那种几
十两的金元宝和银元宝，普通人的生活中几乎见不到，因为太值钱了！

1

问：猴蹿天想买六花神露水，再到别的森林去卖，这是投资行为吗？

2

问："投资"和"投机"有什么主要区别？

3

问：古代的普通人会用金元宝或银元宝在市场上买东西吗？

小词典

利 润

商家获得的销售收入扣除所有成本之后，剩下的就是利润。

促 销

营销者以吸引消费者、增加产品和服务销售量为目的，进行的宣传活动。

体力劳动

主要依靠劳动者运用身体机能创造价值的劳动，如工业、农业生产劳动等。

脑力劳动

以消耗劳动者脑力、智力、知识为主的劳动，如科学研究、艺术创作等。

工 资

雇佣者以货币形式向劳动者支付的报酬。

义务劳动

劳动者自愿进行的、不收取任何报酬的劳动。

机会成本

面临多种选择时，所放弃的选项中价值最高的一项，就是此次决策的机会成本。

税 收

国家和政府以提供公共服务为目的，依法向纳税人征收的货币或者资源。

广 告

一种宣传方式，一般指商家通过媒体向公众介绍产品或服务。

商业秘密

具有商业价值的经营、技术、创意等信息。

商 标

依法注册的品牌名称、图形、声音等或以上要素的组合。

消费者权益

消费者在购物时依法享有的基本权利，如知情权、选择权等。

投 资

将资源投入某项事业，期望在未来能获得价值增值的经济活动。

生活中的经济学

学会用"机会成本"思考问题

"机会成本"是经济学中一个非常重要的概念，它是指决策人面临多种选择时，所放弃的诸多选项中，价值最高的那一项。这个概念会在一定程度上影响我们的思维方式。简单来说，就是你在做决定时，除了考虑你要选择的是什么，还应当想一想，你为自己的选择放弃了什么。懂得"机会成本"，做决定时会很自然地多思考一步，权衡一下，想想你的决策是否正确。

比如，考试前几天你在看一本有趣的故事书，你所获得的是读故事书的快乐，而你放弃的——也就是机会成本——是复习的时间。你的后果可能有：成绩差，被妈妈骂，甚至更严重的教训。

反过来思考，如果你把时间用于考前复习，你所放弃的——也就是机会成本——是读故事的轻松和快乐。结果呢？考完试你还是可以读，也可以等到放假再读。虽然快乐和满足推迟了一些，似乎也没有特别糟糕。而且，如果考试成绩出色，说不定爸爸妈妈还有额外的奖励。

很显然，读故事书和复习功课互为"机会成本"，你应该选择哪一个，放弃哪一个呢？无论你决定放弃哪一个"机会成本"，都是你自己的

选择，只要结果你愿意接受，就没有对错之分。有时候，看似错误的选择，说不定也有意外的惊喜。

但是，也有一些选择不仅有对错之分，错误的选择带来的后果不仅伤害自己，还会累及他人。比如触犯法律的犯罪分子，说白了，就是做了错误的选择。他们选择了金钱、利益，或者一时的冲动和快乐，同时放弃了做一个坦荡、清白、正直的好人，许多无辜的人也可能因此受害。

幸好，我们在生活中很少会面临这样"大是大非"的选择。人生中的很多事情，没什么大不了，用不着思前想后。不过，面对那些使你犹豫不决又毫无头绪的困难抉择时，"机会成本"可能是一种不错的思维方式，它能帮你更全面地分析问题，从而做出理智的判断。慎重一些，多些思考，总是有益的！

图书在版编目（CIP）数据

森林商学园. 棕熊赚钱不容易 / 龚思铭著；肖叶主编；郑洪杰, 于春华绘.
-- 北京：天天出版社,2021.6
ISBN 978-7-5016-1711-1

Ⅰ.①森… Ⅱ.①龚… ②肖… ③郑… ④于… Ⅲ.①财务管理—少儿读物
Ⅳ.①TS976.15-49

中国版本图书馆CIP数据核字(2021)第075289号